U0248049

WINDOW STORM

城镇老旧小区门窗改造案例集

———

The Cases of Door and
Window Renovation in Old
Urban Communities

程立宁　编著

窗风暴

同济大学 出版社
TONGJI UNIVERSITY PRESS
·上海·

焕新生活焕新窗

门窗真是个神奇的存在。千百年来，不管它以何种形式出现：动物皮毛、织物、纸、木格栅、玻璃、塑料、金属……都好像在守护着什么，成为家的结界，让家与外界保持适度的距离，让我们居住时，获得舒适与安全；又好像在联通着什么，成为家与外界交汇的纽带，像房屋的眼睛、外立面的画框，让我们透过门窗走向人群和世界。

虽然人类对建筑叠加了更多的需求，但遮风挡雨依然是我们的本质需求。门窗既阻挡外部风雨的侵袭，也为我们带来身体的舒适与心理的安宁，因此，我们对门窗的要求也越来越高。伴随着中国城镇化快速推进，一代代老旧小区镌刻着时代的印记，也经历着风霜的洗礼，沧桑的容颜和老化的部件逐级展露出弊端，在侵蚀中日益衰退的老旧门窗，成为居住者心中的痛。政府推动的城镇老旧小区改造，是造福人民群众、满足人民群众对美好生活需要的重要民生工程。老旧小区的门窗改造是其中关键一环，老旧门窗导致的遮风避雨功能性下降、屋外噪声变大、节能保温性差、居住舒适感降低等问题严重影响居住体验，但真正想要去改善时，又会遇到许多问题。如何解决传统换窗方案施工时间长、破坏装修、影响正常居住等问题成为行业难题。

此刻——

大西洋一侧成群的蝴蝶翅膀的微微扇动，就会在对岸掀起一场风暴。

门窗革命拉开了大幕，

而门窗的下一场风暴，会如何上演……

2018 年，一直专注做高级定制别墅大宅以及精装修房产配套系统门窗的法国特诺发，开启了中国门窗行业新的篇章。历经此前十多年艰难的探索和实践，特诺发为中国千家万户建立起更适合中国家庭旧房改造现状的专利门窗产品、完善的"焕新窗"服务体系，并设计开创了不破坏装修 3 小时快速换窗的模式，既解决旧房门窗改造困扰，又不打扰居民的正常生活。

五年多的"焕新窗"业务实践让这只来自法国的金刚蝴蝶，用快速换窗完成了数以万计的中国家庭的蜕变时刻，也即将掀起一场席卷全国的换窗风暴。

在风暴来临之际，我们将一些城镇老旧小区门窗改造进程中收获的体验、点滴经验和温暖故事集结成册，也可以说是一本风暴指南，让更多人一起感受"焕新生活、焕新窗"所带来的安康喜乐！相信我们对门窗行业这份不遗余力与不负热爱，一定会"让每一个中国家庭都用上一樘高品质门窗"，共享美好生活！

窗风暴

城镇老旧小区门窗
改造案例集

目录

01

蜕变时刻

生活的艺术

生活的艺术

在象征自由浪漫的蓝色下

是坚固精致的金色骨骼

在象征真理的金色光辉上

是完美律动的蔚蓝翅膀

什么是生命的绽放，希望和美

什么是艺术的精灵

她的翅膀不仅是她美丽的外衣

更是她有力的武器

飞翔的工具

这就是我们一直传递的生活的艺术

实用和艺术完美的结合

对精致生活的无限追求

换一樘好窗，完美分割线，将喧嚣封存于昨天，重启，再次定义鲜活的每一天。

从此，住在风景里，无关悲喜，心中激荡，愿新交故知，云雨雷电，都能在这温润安静的守护中，灿烂如歌。

生活的艺术宣言

不反对工业城市
但是我们更热爱田园市郊
共享单纯、朴素、温和的社区关系
手工艺家、设计师、作家、社会活动家、艺术家汇聚于此
构筑新时代的人文社区
抚慰新城市人远离精神故土的乡愁

不反对脚踏实地
但是我们更关注梦想
未来、未来、未来以及现在
冷静而智慧
关注智能化、技术、挑战、资源、环境、太空探险
深知更远处的未来要求我们现在必须作出改变

不反对理性表现
但是我们更加纯粹
独立、自由地去选择独立与自由
灵魂完整、自恋、忠于美食、热衷公益、超乎常人的远见
改变我的空间而不左右别人的世界
因彼此欣赏而耀眼

老房子之烦恼

2015 年开始，很多中国家庭对安静、舒适、健康的生活环境有了更高的认知。随着居住的城市日益嘈杂，气候、环境不断变化，老旧小区窗户不隔音、不保暖、漏风漏水的问题日益显著，甚至各地还不时出现高层建筑坠窗、坠人等安全事故。这让特诺发再次陷入思考：老旧小区改造对窗户的更换需求到底是什么？

据 2021 年统计数据，中国现存近 17 万个老旧小区，覆盖 4200 多万户，建筑面积共约 40 亿平方米。房屋整体市场从增量向存量的过渡，让越来越多人的关注点从房屋的"投资属性"向"居住属性"转变。一项全国调查问卷显示，相比换房，居民对重新装修、局部装修和调整功能的需求在持续增长。一般来说，房屋的二次翻新会发生在入住后的第 10 ~ 15 年；但实际上，窗户在使用 3 ~ 5 年后通常就需要更换。如何在不破坏装修的前提下，快速更换可以使用 10 年甚至 20 年的优质门窗，依旧是门窗行业现在面临的痛点。不少业主

不隔音噪声大　　　　不隔热不保暖　　　　漏风漏雨

也担心"什么时候改造最合适""怎么改最省心"等问题，面对装修已经老化、居住环境变差的旧宅，想改造却又十分犹豫。

一樘焕新的窗 一间蜕变的房

房子是承载生活的容器。居住其中，拥有窗外不含杂质的万里晴空、窗内不冷不热的适宜温度、不急不躁的温煦阳光、不疾不徐的生活节奏，是每一个家庭的期望。特诺发打破传统的认知，让门窗这一冰冷的产品有了温情的一面，立足产品研发、设计安装、售后服务等全方位重新塑造品牌内涵，引入睡眠、温度、安全三大关键词，用"焕新窗"系列带来全新概念，让业主感知门窗"蜕变"的力量。

将一樘漏风漏雨、不隔音隔热的老窗，更换成全新的节能保温隔音防盗的优质门窗的"蜕变"，与大自然中一只蝴蝶破蛹而出，所用的时间竟惊人地相似——只需要3小时。

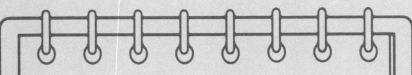

门窗小故事：家里开窗要征税？

　　现在的家庭住宅，基本上每个房间都至少会开一樘窗户。中国民用建筑的窗墙比大概在 1:4 到 1:5，也就是说，面积 100 平方米的房屋，门窗面积大概有 20～25 平方米，如果封上阳台，可能这个数值会更大。有些别墅为了追求大景观，窗墙比甚至可以做到 1:2，300 平方米的别墅，单门窗就有 150 平方米。

　　但每家每户都有窗户这个事实，其实是近 100 年才形成的。早在 100 多年前的英国和法国，是要按房屋的开窗多少征税的。

　　雨果在《悲惨世界》中借米利埃主教之口控诉了窗户税的弊端，他在布道时说："我亲爱的兄弟和朋友们，法国有一百三十二万间农房只有三扇门窗，一百八十七万间农房只有一门一窗，三十四万六千间小屋甚至连窗都没有。这全都是窗户税搞的鬼。这些可怜的家庭，尤其是老妇人和小孩，只能住在这种房子里，发着烧生着病。唉，真心愿主赐太平于法律和人民！"

　　最早征窗户税应该是在 1696 年，原因是当时英国政府真没钱了，就想出了征壁炉税，但是因为壁炉是在室内，

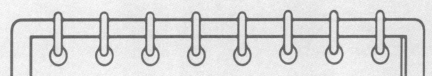

不好统计，就直接改成在屋外数窗户个数。英格兰和威尔士最早开始征收窗户税，1748 年，苏格兰也加入了征收"窗户税"的阵营。从此，英国的中产和无产阶层，开始了暗无天日的生活。

这个窗户税是怎么收的呢？

英国法律规定，如果你的房子的窗户数量少于或等于 10 个，那么你只需要缴纳 2 先令的房屋税，不用交窗户税。如果窗户超过 10 个，那么，10 ～ 20 个窗户增收 4 先令，多于 20 个增收 8 先令。按当前汇率换算，也就是 1200 多元人民币。

按照这个税法，表面上应该是房子大、窗户多的人交税多，普通人住小房子交税少。但实际情况是，住在农村独门独户的几乎不缴税，而生活在城市的中产、无产阶级就惨了，他们大部分都住在公寓里，而税收是针对一整栋楼的，住在楼里的人要负担大楼每一扇窗户的税收。而这还不算是最糟糕的，因法令中没有明确"窗户"的定义，很多税务人员甚至将储藏室里的壁炉排气孔都算作一扇窗户。

在这种严苛的税收制度下，被逼无奈的穷人们，只好用木板或者砖头把窗户封起来，失去了享受阳光和新鲜空气的权利。

英国政府第一年征收窗户税时，就有超过 120 万英镑的税收，相当于现在的 36 亿元人民币，这算是一笔不小的财政收入。

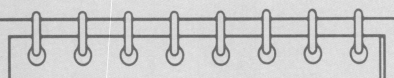

　　富人是不在乎这点税的，在当时，甚至还有一些富人为了攀比，在自己的房子上特意多开很多窗，来显摆家里很有钱。但扩延到整个社会，因为窗户税，越来越多的穷人在新建房屋的时候都直接选择不开窗。到1810年之后，窗户的数量几乎保持不变，玻璃的产量也跟着停滞了。

　　这就导致很多人的居住环境非常晦暗、潮湿，斑疹、伤寒、天花、霍乱等疾病开始在穷人阶层肆虐。窗户少、不通风的房屋简直成了一个病菌培养皿。这也是早年欧洲经常爆发疫病，动不动就死很多人的原因之一。开窗通风是预防传染疾病的一个重要手段。

　　但即使这样，不仅英国没有任何想要停征窗户税的想法，法国、西班牙这些国家也跟进征收起了窗户税，于是出现了前文提到的雨果在《悲惨世界》中描写的场景。

　　法国大革命的爆发，跟这笔窗户税也许是有一点关系的。

　　英国在1851年废止了窗户税，法国则一直征收到1917年，距今大约100年。

　　所以各位读者可以数下家里有多少窗户，如果你住在100年前的英法国家，基本上可以按照一樘100元人民币来计算，全部加起来的金额就是你每年要交的窗户税。此时，身在当代中国的幸福感油然而生！

睡眠窗 节能窗 安全窗

睡眠窗：唤醒睡眠力量，释放生命活力

特诺发睡眠窗系统，由高品质隔音系统窗＋外遮阳电动卷帘＋被动通风器，三位一体实力打造。隔绝40分贝以上噪声的系统门窗塑造出航空级别的睡眠环境，从控光到完全避光的金属卷帘构建个性化的睡眠光线，被动通风系统全程确保清新和高含氧量空气的流通，春风般的安抚和舒适让健康常驻。其所具有的隔音、遮光、通风的三大功能，能有效改善睡眠质量，延长深度睡眠时间。

节能窗：四季流转变换，唯有恒养呵护

特诺发节能窗系统，通过提升门窗的隔热保温性能，大幅降低建筑在制冷和取暖方面的能耗，调节室内体感舒适度，具有类似空调的调节功效。高效隔热保温系统窗与Low-E玻璃的组合，有效隔绝热量和紫外线，性能优异的EPDM密封条让空调窗密封性能更加卓越，有效保持室内均衡的温度和湿度。

安全窗：家庭安全防护，门窗选择第一步

特诺发安全窗系统，由高强度的钢化防砸玻璃＋军工级别的防盗五金＋门窗的防坠落装置组成。该系统采用的玻璃是3C认证的安

全玻璃，安全防盗，能有效降低儿童、老人开启窗户不当所导致的
高空坠人和高空坠窗系数，大大提高了安全性能。

解锁提升睡眠质量的"焕新窗"
睡个香香甜甜的好觉

随着全球城市化的发展与生活节奏的加快，除了环境问题、人居问题外，健康问题尤其是睡眠问题也逐渐进入研究者的视野。世界卫生组织对 14 个国家、15 个地区的 25916 名在基层医疗机构就诊的病人进行调查，发现 27% 的人有睡眠问题。据报道，美国的失眠率高达 32%～50%，英国为 10%～14%，日本为 20%，法国为 30%。据中国睡眠研究会抽样调查：我国成年人失眠发生率已达 38.2%，其中老年人失眠发病率高达 60%。由于人口基数庞大，我国失眠者人数已达全球第一。

特诺发睡眠计划

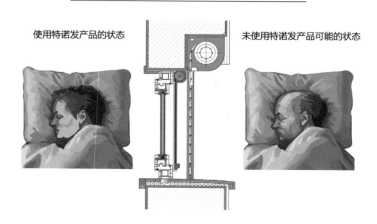

使用特诺发产品的状态　　　　　　　　未使用特诺发产品可能的状态

深度睡眠时长与睡眠环境

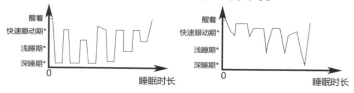

使用特诺发产品的睡眠环境质量　　　　未使用特诺发产品可能的睡眠环境质量

浅睡期: 体温开始下降，心率开始减慢　**深睡期:** 此阶段，人的响应能力降低，肌肉放松，血压和呼吸频率下降　**快速眼动期:** 大脑活动增加，人开始做梦

近几年来，世界睡眠研究会报告显示：全球每天有 3000 多人发生与睡眠呼吸暂停相关的夜间死亡，30％的冠心病猝死发生于午夜到早晨 6 时。中国睡眠研究会报告显示：每天睡眠时间少于 4 小时或超过 10 小时，死亡率会增加 1.5 至 2 倍。没有良好的睡眠，人体各系统会失去平衡，严重者可能导致死亡。

特诺发通过对用户"大数据"的分析，发现我们的用户群也普遍被"睡眠问题"困扰。

2015 年至 2021 年，特诺发持续邀请老客户参与我们的睡眠回访计划。我们向数百位参与计划的用户赠送了智能手环，将用户的睡眠时长、深度睡眠时长等数据共享到特诺发的数据平台，进而分析深度睡眠时间与睡眠环境的关系。

经科学研究表明，夜晚睡眠是由深度睡眠和浅睡眠交替进行的。深度睡眠对人身体和精神健康起到非常重要的作用。当人处于深度睡眠时，大脑皮层处于休息状态，同时心跳变缓，血压更趋于平稳，这有助于恢复精力、促进新陈代谢和增强人体免疫力。总之，深度睡眠很关键，睡得深才能睡得香。

但仅仅通过增加睡眠时间并不能有效延长深度睡眠时间。睡眠质量与深度睡眠比重有关，深度睡眠时长占总体睡眠时长的比重越高，睡眠质量就越高。这也就是为什么有些人每天睡 4、5 个小时就能神采奕奕，有些人每天睡 8 个小时依然昏昏沉沉。《2020 年中国人睡眠质量报告》曾援引相关数据：95％的人会因为所处的睡眠环境影响睡眠，其中噪声、光线影响最大。

常见影响睡眠的环境因素如下：

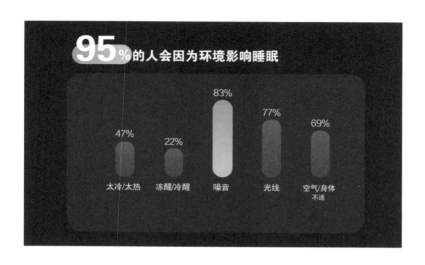

噪声污染严重，夜生活丰富，外部环境嘈杂，不利于睡眠；

光污染问题突出，工业生活用光导致生活区光线过量；

空气污染复杂，$PM_{2.5}$ 等微尘颗粒物远超正常指标；

气候类型多样，湿度差距大；

没有相对湿度。

常见影响睡眠的建筑因素如下：

建筑墙体厚度低于世界水平，隔音效果差；

门窗占比为 50%，且多采用单层窗，不利于室内温度、湿度及安静度的保持；

未形成使用遮光用品的习惯，夜间光线过于明亮。

在人的一生中，大约有三分之一的时间是在睡觉，而"黑暗"和"安静"是好好睡一觉最基础的保障。通过改善睡眠环境，尤其是营造"安静、全遮光的睡眠空间"，可有效提升深度睡眠时长，进而提升整体睡眠质量。

特诺发"焕彩""真彩""昕丽"系列系统门窗采用断桥铝合金型材或高品质 UPVC 型材的窗框和填充惰性气体的中空钢化玻璃，能有效隔绝 40 分贝以上的噪声。"威翼"系列外遮阳金属卷帘在隔绝 12 分贝以上噪声的同时遮光效果可达近 100%。更换隔音、控光的门窗系统（静音窗 + 室外金属卷帘），是改善睡眠环境、提升睡眠质量的有效手段。

平均总睡眠时长：7小时18分钟

23:07 — — — — — — — 🌙 — — — — — — 06:41

1时15分	5时57分
● 深睡17%	● 浅睡79%

22分	0分
● REM 4%	● 清醒 0%

睡眠质量对比：换窗前

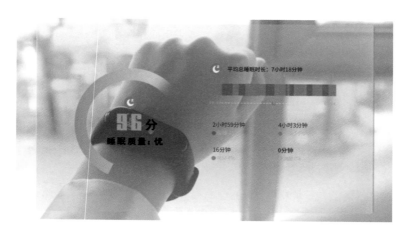

睡眠质量对比：换窗后

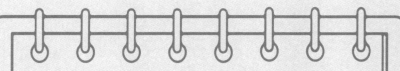

专家解读：节能门窗焕新是既有建筑实现碳达峰、碳中和的重要手段

李峥嵘

　　随着全球气候变化及低碳发展概念的深入人心，在应对碳达峰、碳中和的国际承诺上，一些国家发布了"超低能耗建筑"或类似概念的中长期发展目标、技术路线等政策法规文件。被动房、低能耗、超低能耗、零能耗建筑等一系列概念也随之进入探索实践。

　　英国和瑞士提出零排放建筑，旨在利用可再生能源满足建筑运行的能源需求，实现化石燃料消耗为零的目标；德国提出被动房标准，要求建筑每年的采暖能耗不超过每平方米15度，建筑全年总能耗不超过每平方米120度；美国、日本等国家提出零能耗建筑，每年产生的能量和消耗的能量达到平衡，一年一次能源消费量收支为零。

　　我国的建筑节能工作亦经历了近30年的发展，现阶段建筑节能65%的设计标准正在普及。建筑能耗作为社会能耗的重要组成部分，承担着建筑碳达峰、碳中和的重要职责，是世界公认的三大节能减排的主要领域之一，节能潜力巨大。

　　根据清华大学建筑节能研究中心的研究成果，2001—2013年，国内建筑能耗总量及其中电力消耗量均大幅增长。2013年建筑总商品能耗为2.56亿吨标准煤，约占我国能源

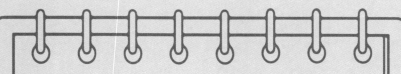

消费总量的 19.5%，节能减排的重要性愈加凸显。然而现如今人们对于居住质量和舒适性的要求也越来越高，为了营造更加舒适的居住环境，建筑消耗能源也在不断增加。如何解决好人们对居住环境要求的提升和降低建筑能耗之间的矛盾，一直是建筑节能研究领域的重要内容。因此，低能耗、高舒适度的高性能建筑研究，一直是建筑节能领域研究的热点。而随着这几年政府对城镇老旧小区的房屋改造和城市更新的大力推进，国家对建筑节能领域无论是理论研究还是实践探索都提出了更加确切的要求。

改善围护结构性能是降低建筑负荷和能耗的关键基础，因此，各地超低能耗示范建筑都采用了较高的热工性能。相较于北方寒冷地区和南方炎热地区，夏热冬冷地区建筑一直面临冬夏矛盾的需求；同时，长期保留的空调系统间歇性运行特征，也为该地区超低能耗建筑围护结构热工性能的确定带来了困难。现有研究中，一般仅将围护结构热工性能与建筑负荷或者能耗简单关联，研究负荷或者能耗最低的前提下，围护结构热工参数的合理范围。但是，由于系统间歇运行特征，室内空调热扰规模、建筑空间设计因素等参数必将影响建筑围护结构的传热过程，进而影响建筑负荷和能耗大小。

本文受特诺发品牌委托，以其为城镇老旧小区门窗改造场景定制研发的两款专利产品——3小时不破坏装修焕新窗系列的"真彩"和"焕彩"为研究对象，通过模拟实验方法，探索既有建筑中更换门窗与建筑节能的关联性及其广阔的市场和商业前景。

项目设定条件：

（1）以上海地区常见的三室两厅两卫作为模拟实验对象。

（2）以上海地区存量房中所用窗户占比最多的"非断桥普通铝合金单层窗"为对照组。

（3）项目中仅在起居室、卧室设置空调，对于厨房、卫生间、阳台功能区，不进行温度控制，不设置空调。空调期为每年6月15日—8月31日，采暖期为每年12月1日至2月28日。全年空调降温天数为77天，采暖天数为90天，共5个半月。

（4）电费为0.617元/度。

通过专业计算：

特诺发"真彩"70系列塑钢窗户能有效降低11.74%的能耗，减少337.53千克的CO_2排放。以蚂蚁森林为例，10平方米的窗户20.1天就可以在鄂尔多斯种一棵沙柳。

特诺发"焕彩"65系列铝合金窗户能有效降低10.56%的能耗，减少303.65千克的CO_2排放。以蚂蚁森林为例，10平方米的窗户22.3天就可以在鄂尔多斯种一棵沙柳。

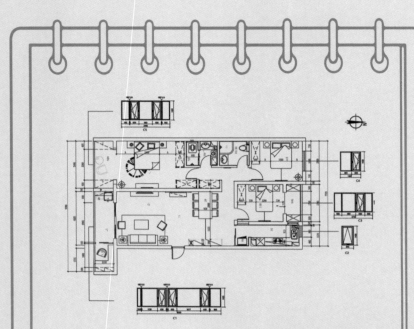

结论：

更换了特诺发的两款专利门窗产品后，有效降低了建筑的夏天制冷和冬天采暖的建筑能耗，由此换算，降低的碳排放效果明显。

经过模拟测算，在以该案例中提供的房型面积和门窗比的基础上，每更换一户类似的老房子卧室和客厅的门窗，就可以每年至少减排 303 ～ 337 千克的 CO_2。特诺发自 2018 年开始进入城镇老旧小区改装换窗领域，截至 2021 年 12 月，已陆续为超过 2 万户换窗，也就是减排了超过 1 万吨 CO_2。

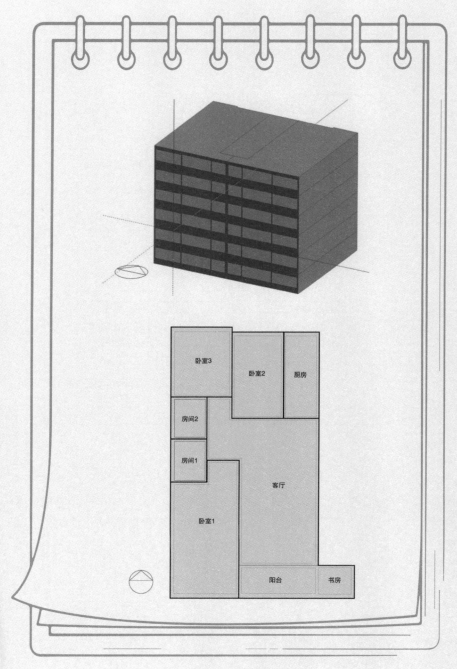

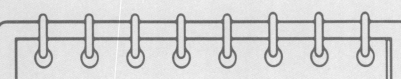

	降温期			
	每户减少的电费	每户每天减少的电费	每户减少的碳排放	每平米窗户每天减少的碳排放
	元/户	元/天	kg/户	g/m²/天
70系塑钢窗户	153.02	1.99	195.43	123.15
	采暖期			
	每户减少的电费	每户每天减少的电费	每户减少的碳排放	每平米窗户每天减少的碳排放
	元/户	元/天	kg/户	g/m²/天
	111.26	1.24	142.10	76.61
	总和			
	每户减少的总电费	每户平均每天减少的电费	每户减少的总碳排放	每平米窗户平均每天减少的碳排放
	元/户	元/天	kg/户	g/m²/天
	264.28	1.58	337.53	98.07
	降温期			
	每户减少的电费	每户每天减少的电费	每户减少的碳排放	每平米窗户每天减少的碳排放
65系铝合金窗户	元/户	元/天	kg/户	g/m²/天
	101.47	1.32	129.59	81.66
	采暖期			
	每户减少的电费	每户每天减少的电费	每户减少的碳排放	每平米窗户每天减少的碳排放
	元/户	元/天	kg/户	g/m²/天
	136.28	1.51	174.06	93.84
	总和			
	每户减少的总电费	每户平均每天减少的电费	每户减少的总碳排放	每平米窗户平均每天减少的碳排放
	元/户	元/天	kg/户	g/m²/天
	237.75	1.42	303.65	88.23

　　假设国内在碳交易市场上已经开通了建筑能耗的交易，按照国内核证自愿减排量（CCER）20 元/吨计算，相当于创造了 200 万元的减排效益。这一效益未来在碳交易开通时，理论上可以为每个更换了节能门窗的家庭积累碳抵消配额，以产品价格减免或者能源效益补贴的形式为他们持续创造价值。

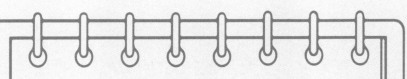

　　与此同时，如何规范门窗产品的统一节能标识和认证，以及对于门窗这种耐用消费品，如何精准地计算出包括原材料生产、安装、使用、回收等全生命周期的碳排放数据，是亟待解决的重要课题。

　　最后，节能门窗焕新是中国城镇老旧小区既有建筑节能改造中的重要有效手段。高度融入碳中和、碳抵消的大趋势是中国门窗行业未来发展的必然方向。

（本文作者是同济大学教授、博导，专攻国内商业建筑能耗的各项评估方法，主持编撰多项国家级建筑节能标准。）

加装防坠安全装置的安全窗是预防高空坠楼的有效武器

《中华人民共和国民法典》第一千二百五十四条【高空抛物坠物责任】：

禁止从建筑物中抛掷物品。从建筑物中抛掷物品或者从建筑物上坠落的物品造成他人损害的，由侵权人依法承担侵权责任；经调查难以确定具体侵权人的，除能够证明自己不是侵权人的外，由可能加害的建筑物使用人给予补偿。可能加害的建筑物使用人补偿后，有权向侵权人追偿。

物业服务企业等建筑物管理人应当采取必要的安全保障措施防止前款规定情形发生；未采取必要的安全保障措施的，应当依法承担未履行安全保障义务的侵权责任。

发生本条第一款规定的情形的，公安等机关应当依法及时调查，查清责任人。

安装合乎要求、品质符合要求、有防坠安全装置的，在台风等恶劣天气可以经受住考验的更高品质的门窗更换，是普通居民落实防止高空坠物的最好手段。

儿童坠楼事件一直以来都是一个很大的社会问题。

从性别数据层面看，坠楼男孩比女孩多，占近 7 成。男孩相比

于女孩更好动，所以坠楼几率大。在很多时候，男孩更乐于挑战和展现自己，喜欢在阳台或窗台等危险地方玩耍。在缺少防护、看护的情况下，男孩意外坠楼的几率就更大。此外，很多家长平时认为擦破点皮或流点血对男孩子不算什么，也使得男孩在日常生活中安全意识比女孩更低，更易发生危险。

从年龄数据层面看，2 岁至 6 岁的孩子，因为缺乏生活经验以及认知能力不强，对危险往往没有概念。此外，这一年龄段的孩子自控能力也差，即使家长经常教育孩子"这样做不对，是危险的"，但实际孩子难以真正理解；且 6 岁以下的孩子好动，只要大人一疏忽或是让他们独自在家，就有可能发生坠楼这样的事故。

常见的安全护栏和防盗网尽管能在一定程度上降低儿童坠楼概率，但一旦面临诸如火灾等紧急情况，又立刻变身为影响逃生的障碍。

　　因此，更换带有保险和固定开启角度儿童防坠锁的门窗，才是有效降低儿童坠楼安全事故概率的重要手段。

02

幸福的日子

幸福的日子

中国人对房屋有一种"执念"，有了"房子"便有了"家"，便可以开启幸福的人生。随着岁月流逝，代表着人生某个阶段的房屋逐渐褪去了鲜亮的外表。老房，镌刻着时代的印记，也经历着风霜的洗礼，展露出沧桑的容颜和老化的部件，在侵蚀中日益衰退。

遮风避雨功能性下降、屋外噪声变大、节能保温性差、居住的舒适感降低……这些影响宜居的因素真正待改善时，又会遇到很多问题。核心原因不是没有方案解决这些痛点，也不是系统门窗的价格，而是房屋仍在使用中，传统的换窗方案不能保证家里的装修不被破坏，后续遗留问题多，且换窗时间长会影响正常的居住生活。

特诺发"3 小时不用敲墙、不用搬家、不破坏装修"服务，可以细心呵护老房的主体，换一樘新窗，即焕一轮新颜。我们按照房子的空间、门窗的痛点需求以及解决方案，给大家展示出科学门窗的设计方案，借此让大家感受"焕新窗"所带来的幸福日子。

隔音降噪、隔热保温、安全防护，这些幸福的根源，正从这个篇章开始。

美好生活门窗设计案例

客厅门窗设计

客厅是家里主要的活动场所，宽敞的格局、良好的采光和通风效果是必不可少的。

内开内倒窗具有气密性、水密性及隔音效果好的特点，能满足客厅大通风的使用功能要求，设计过程中要注意开启扇的通风面积与房间面积比例。另外，按照国家安全规范要求，7层以上的建筑不允许采用外开窗，因此高层建筑采用内开内倒窗的形式，才是最有效的保障。

客厅门窗设计关键词：采光、通风

但采光、通风这两个关键词在实际的门窗应用中是有些相互矛盾的。要拥有更好的视野和大通透的采光，势必要减少门窗开启扇的面积和个数，而这有时反而会影响通风。虽然在很多家庭中人们都已经安装了新风系统，但他们对自然通风的需要却丝毫没有降低。

案例 1

推荐配置：

门窗系列：特诺发昕丽 PLUS LWD365 内开内倒窗
室内颜色：白色麻面（粉末喷涂）RAL9016
室外颜色：咖啡麻面（粉末喷涂）RAL8014
执手：德国格屋 GU 窗执手（无底座银色）
玻璃：6G Low-E+12A+6G 中空钢化玻璃
门窗开启方式：内开内倒

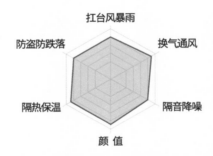

扛台风暴雨
防盗防跌落　　换气通风
隔热保温　　隔音降噪
颜　值

焕新前　　　　　　　　　焕新后

用户视角：

"医生职业的关系，我做事喜欢精益求精。家里的窗户抬首就能看到东方明珠，风景很好，晚上特别漂亮，我非常喜欢带朋友在这里喝茶聊天。原本家里的窗勉强也能使用，但通透性差，开启比较费力，一直有换窗的想法。在抖音上看到特诺发的广告后，我被打动并留下了自己的信息，门窗管家小顾礼貌、热心和执着的服务态度，让我觉得特诺发是一家值得信赖的企业。"

——上海三湘七星府邸特诺发门窗用户

门窗改造小贴士

窗框色彩与建筑外立面统一；提升采光视角通透性。

1. 小区物业对门窗外立面颜色有统一的要求，但客户觉得外立面的颜色不好看。市场上常见的室内外窗框都是同色的，特诺发所采用双面不同色喷涂，可以做到双面双色，配以强大的配色系统，轻松达到室外和小区外立面一致、室内和装修风格一致的效果。
2. 因为原窗户的洞口面积很大，考虑到更好的保温性能，玻璃配置为Low-E 玻璃。

案例 2

推荐配置：

门窗系列： 特诺发焕彩系列 PLUS LWN565 内开内倒窗
室内颜色： 白色麻面（粉末喷涂）ARL9016
室外颜色： 灰色麻面（粉末喷涂）ARL7011
执手： 德国格屋 GU 窗执手（银色椭圆底座）
玻璃： 6Low-E+12A+6G 中空钢化玻璃
纱窗： 内平开（金刚网）
门窗开启方式： 内开内倒
位置： 封阳台 + 主卧窗户
特点： 不破坏原有装修换窗

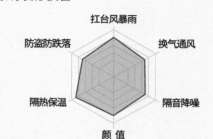

焕新前   焕新后

用户视角：

"我家的客厅门窗经过改造后，能很明显看到优化的效果。原来窗为四块玻璃，现在改造为三块玻璃，中间为大玻璃，整体通透大气，让整个空间视野变得特别好！"

——上海大上海花园特诺发门窗用户

门窗改造小贴士

门窗窗框设计大气；化解室内吊顶的干扰。

1. 业主喜欢洞口的通透性，希望要有良好的视野，所以在门窗的分割设计上，采用中间设计一个大固定玻璃 + 两扇外开窗户的组合方式。
2. 由于室内吊顶低于窗框高度，在门窗开启方式上采用内开内倒。

案例 3

推荐配置：

门窗系统： 昕丽 LWD365 内开内倒窗
室内颜色： 绿色光面（粉末喷涂）RAL6005
室外颜色： 绿色光面（粉末喷涂）RAL6005
执手： 窗执手（方底座深棕色）
玻璃： 6G+12A+6G 中空钢化玻璃
门窗开启方式： 内开内倒

扛台风暴雨
防盗防跌落　　换气通风
隔热保温　　隔音降噪
颜 值

焕新前　　　　　　　　　焕新后

用户视角:

"我家的客厅是特殊的圆弧形,时间长了,窗台与窗户的接缝处开始漏风漏雨,一直需要更换,但找了很多门窗商都无法解决,直到遇见了特诺发,让我们看到了希望,不破坏装修就可以更换窗户,让我们真正见识了好产品是怎样的!"

——上海瑞嘉苑特诺发门窗用户

门窗改造小贴士

窗型设计大气采光好；弧形窗处理，现场切割大理石台面无缝贴合。

弧形阳台洞口，能有效凸显空间的高颜值，相对门窗而言也是最不好处理的洞口形式之一。弧形洞口常规有两种设计形式：

A 方案：直接做弧形窗

1. 上下型材做弯弧处理，此处对型材的要求比较高，需要考虑型材的形状、壁厚、尺寸、变形量等。

2. 注意玻璃弯弧的尺寸配合度，且需业主能接受双层中空玻璃弯曲：由于半径大小不一致而形成的"哈哈镜"效果（即玻璃内部重影）。

3. 开启扇无法做弯弧处理。

4. 缺点是造价偏高，因为型材和玻璃要做特殊加工且良品率低。

B 方案：采用矩形拼接窗

1. 按照弧形洞口做矩形分割，即用合理的直线段拼接成弧形。

2. 标准的门窗加工工艺，矩形窗拼接处做特殊处理，可合理控制造价。

3. 需对现场下窗台大理石部分做加工处理。

卧室门窗设计

卧室是家里睡眠、休息使用，具有私隐性的空间。人的一生大约有三分之一的时间要在卧室中度过。卧室设计不仅要考虑提供宁静、舒适的睡眠环境，还要考虑人体健康。比如，微通风可以实现室内空气流通，防止风直接吹到人身上，造成体感不适。

内开内倒窗具有不占用室内空间、起居活动不受影响、小雨天室内不会淋湿等优点，是卧室首选产品。

卧室门窗设计关键词：安静、私密

卧室的安静常被人理解为是一点声音都没有，但实际上人在休息时，一点声音都没有反而不是很好。这里的安静，其实是要有更好的隔音设计，将室外的噪声隔绝。而我们自己在休息时，适时播放一些如篝火和流水的白噪音，可以唤醒储存在我们基因中的安全感，让我们获得更好的休息效果。

案例 1

推荐配置：

门窗系统： 焕彩 PLUS LWN 65 内开内倒
室内颜色： 咖啡麻面（粉末喷涂）RAL8014
室外颜色： 咖啡麻面（粉末喷涂）RAL8014
执手： 窗执手（椭圆底座古铜色）
玻璃： 6G Low-E+12A+6G
门窗开启方式： 内开内倒

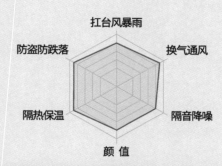

焕新前　　　　　　　　　　　焕新后

用户视角：

"搬进小区后第二年，我家的窗户就开始漏气，玻璃起雾凝水严重，不但影响视觉体验，一年四季，室外风声不绝于耳。我一直担心换窗会破坏家里的豪华装修，于是换窗计划一再拖延。换过特诺发后，我家拥有了清晰的景观，可以说真正过上了'修心品茗观景'的惬意生活。"

——上海金色维也纳·金樽花苑特诺发门窗用户

门窗改造小贴士

转角窗型的处理；提高大视野和通透性；防止玻璃起雾凝水。

1. 开窗位置尽量避开床头位置，考虑开内倒状态通风时，避免直接吹向人体；内倒开启角度约15°，开口宽度为100mm～150mm，能有效微通风，有利于空气的流动和换新。

2. 当窗与墙面之间宽度过小以及有内窗帘时，要考虑内开内倒窗的打开半径与高度，以免影响活动空间或者遇到开启扇打不开的情况。

3. 在满足通风要求的情况下，开启扇的数量要尽量少，这样费用低，且能有效保障气密性、水密性和保温性。

案例 2

推荐配置：

门窗系统：真彩 PDV70TS 内倒侧滑移门
室内颜色：白木纹（覆膜）
室外颜色：白木纹（覆膜）
执手：窗执手（专用大执手银色）
玻璃：6G Low-E+12A+6G 中空钢化玻璃
门窗开启方式：内倒侧滑

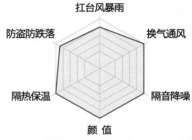

焕新前   焕新后

用户视角：

"家里的卧室是连着阳台的，由于周边是老小区，又紧邻马路，因此希望能有隔音效果好，同时能保持推拉门效果的产品。幸好我们遇见了特诺发，让我们感受到了好产品带来的使用便捷。"

——上海万航小区特诺发门窗用户

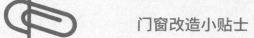

门窗改造小贴士

隔音效果好；通风好；内倒侧滑。

业主家卧室外的推拉窗不隔音，增加了内倒侧滑的移门后，既有开门的隔音节能效果，又有推拉门的视觉效果，还兼具了内倒微通风功能，满足了业主全方位的需求。

儿童房、婴儿房门窗设计

儿童房设计的关键在于"安全"和"宁静"。安全的防护，第一要注重的就是门窗，最妥善的做法是安装内开内倒窗。选用具有3C认证的安全玻璃和军工级别的防盗五金，不仅能有效隔音，还能防止高空坠落等意外。

纱窗也是不可缺少的装备，可以阻挡蚊虫侵扰和室外的杂物，给孩子一个安稳的成长环境。

儿童房、婴儿房门窗设计关键词：安全，控光

安全、安全、安全！重要的事情说三遍！窗户外面架笼子，这是不安全的！用推拉窗？这是不安全的！用外开窗？这也是不安全的。用带儿童安全锁的内开内倒窗是最安全的！影响儿童睡眠质量的，就是光线！好的门窗系统，一定会考虑到控光，而这并不仅仅是窗帘的事。

案例 1

推荐配置：

门窗系统： 真彩 PWV70M 内开内倒窗

室内颜色： 查特绿 - 覆膜

室外颜色： 都市灰 - 覆膜

执手： 窗执手（椭圆底座银色）

玻璃： 6G Low-E+12A+6G

开启方式： 内开内倒

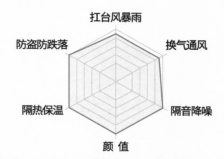

焕新前   焕新后

用户视角:

"为了给两岁宝宝一个安静的睡眠环境我们是费尽心思。家里的窗户是房屋开发商原始配置的推拉窗,密封性差,没有纱窗,开着窗对小朋友来说比较危险。再加上小区毗邻马路,不管白天还是黑夜,噪声不断,对我来说,真的是很焦虑。"

——上海塘和家园德悦苑特诺发门窗用户

门窗改造小贴士

内开内倒窗，优雅通风更安全。

内开内倒窗是一种科学的开启方式，窗户的上方和侧面可以小角度开启，在没有防盗窗的情况下，即保持了通风又能有效杜绝高坠事故，为低年龄段的宝宝竖立了一道安全的保障。

案例 2

推荐配置：

门窗系统：焕彩 LWN 65 内开内倒
室内颜色：白色麻面（粉末喷涂）RAL9016
室外颜色：白色麻面（粉末喷涂）RAL9016
执手：窗执手（方底座银色）
玻璃：6G+12A+6G 中空钢化玻璃
门窗开启方式：内开内倒

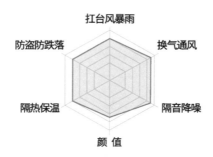

焕新前   焕新后

用户视角：

"家里的窗户紧邻马路，楼下商铺林立，从早到晚都很吵，而且我们楼层低，夏天蚊虫也很多。孩子也渐渐大了，学业不能耽搁。我们苦寻了很多商家，都没有理想的产品，还好遇到了特诺发，2个多小时的施工，很快就解决了我们的所有问题。现在我逢人就说'这窗灵的'，还推荐了邻居家也更换这样的产品。"

——上海闻喜路某小区特诺发门窗用户

门窗改造小贴士

隔音；防蚊虫。

断桥铝合金系统门窗的型材，因为是复合材料组成的型腔结构（内外铝材 +PA66 断桥），可以在防止室内外冷热温度交换的同时隔绝噪声，再辅以标准的中空钢化玻璃、张弛有度的 EPDM 密封条，让门窗型材和玻璃贴合更加紧密，三重防护，能阻隔 40 分贝以上的噪声，隔音效果好，可以给孩子一个宁静天地，同时搭配防蚊纱窗，远离蚊虫叮咬。

厨房、卫生间门窗设计

厨房、卫生间门窗设计主要考虑采光、使用方便和通风换气的功能。这类空间的窗户一般都是矩形的小单窗，室内空间利用比较紧张，有的小区物业会要求必须为内开窗，这个时候就可以采用内开内倒的开启方式。开启时窗可向上倾斜45°，可一直保持良好的通风换气功能并节约空间。

厨房、卫生间的窗可以设计成外悬开启，外开上悬窗是通过操作窗扇的把手，带动五金件传动器的相应移动，向外推至30°左右，让空气对流，达到通风换气的目的。安装外悬窗需要注意安全操作，除了标准安装施工外还需要配防坠装置，防止高层刮风时出现坠物等安全事故。

厨房、卫生间门窗设计关键词：通风、换气

迄今为止，没有任何一种应用窗型，可以比卫生间外开气窗＋厨房内开内倒窗更加合理！让无数跟龙头和瓶瓶罐罐打架的门窗设计再也不要出现在你家里吧。

案例 1

推荐配置：

门窗系统： 焕彩 LWN 65 内开内倒
室内颜色： 灰色麻面（粉末喷涂）RAL7011
室外颜色： 白色麻面（粉末喷涂）RAL9016
执手： 窗执手（方底座银色）
玻璃： 6G+12A+6G 中空钢化玻璃
门窗开启方式： 内开内倒

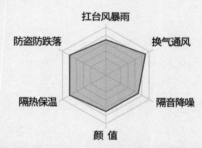

焕新前　　　　　　　　　　　　　焕新后

用户视角：

"我们家是中国传统的积余庆之家，爷爷奶奶、爸爸妈妈和孩子，一家五口其乐融融，生活中唯一的困扰就是家里使用了 20 年的钢窗。钢窗保温性差，冬天冷，夏天热，严重影响老人和孩子的健康。无法阻隔的噪音，特别是厨房的窗户，不仅采光差，清理也不方便。"

——上海古美小区特诺发门窗用户

门窗改造小贴士

使用方便；提升采光度。

1. 吊柜超出墙面安装，设计窗形时应规避。
2. 中式厨房的台面宽度在 600mm ～ 650mm 之间，台盆常规都在窗户下方且安装有高抛龙头，窗型设计考虑如果是内开内倒窗时，要避开龙头位置，兼顾使用便利。
3. 老式厨房会出现排烟道从窗户固定位置开洞外排的情况，且固定玻璃较小，采用不装修换窗系统后玻璃面会更小，这种情况下烟道位置固定玻璃要考虑换材料，例如夹心铝板。
4. 室内吊顶面完成面低于窗户上洞口线，做内开内倒窗需考虑增加上固定。

案例 2

推荐配置：

门窗系统： 焕彩 LWN 65 内开内倒
室内颜色： 灰色麻面（粉末喷涂）RAL7011
室外颜色： 灰色麻面（粉末喷涂）RAL7011
执手： 窗执手（方底座白色）
玻璃： 6G+12A+6G 中空钢化玻璃
门窗开启方式： 外开上悬

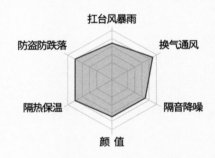

焕新前

焕新后

用户视角:

"家里的卫生间格局狭小,而且是特殊的狭长矩形。通过特诺发精心的设计,外开上悬窗可以内平开,又能小角度开启,明显使用方便了很多,而且卫生间的采光有了保障。"

——上海新天家园特诺发门窗用户

门窗改造小贴士

提升采光度；规避现场不利条件。

1. 外置浴霸或者淋浴头、浴镜等突出窗洞两侧的情况，设计窗形时应规避。
2. 浴缸在窗底部，设计窗形时要考虑使用的便利性。
3. 淋浴房的玻璃直接与窗户发生关系时，设计窗形时应规避。

阳光房、阳台门窗设计

封阳台是合理的阳台升级方式，不但可以阻隔室外的噪音和灰尘，还可以把阳台升级成阳光房。封闭后的阳台可以拥有写字读书、物品储存、健身锻炼等多重功能，从安全性能、卫生和扩大使用面积上看，都是不错的选择。

封阳台或打造阳光房，不仅需要看门窗的型材、玻璃及配件等产品质量，还要因地制宜，根据现场环境进行科学设计。

阳光房门窗设计关键词：防尘、通透、空间、舒适

在欧洲，阳光房的英文不是"glass house"，也不是"sun house"，而是"winter garden"，是"冬日里的花房"的意思。所以在欧洲，空间、舒适是阳光房最核心的要求。而在国内，大量的封阳台这种形式的小阳光房，其实是为了方便晾晒，同时兼具防尘的功效。大量玻璃房的搭建，让好端端的阳台，冬冷夏热，失去了最初的意义。

案例 1

推荐配置：

门窗系统： 焕彩 PLUS LWN 65 内开内倒
室内颜色： 灰色麻面（粉末喷涂）RAL7011
室外颜色： 灰色麻面（粉末喷涂）RAL7011
执手： 窗执手（椭圆底座银色）
玻璃： 6G Low-E+12A+6G
门窗开启方式： 内开内倒

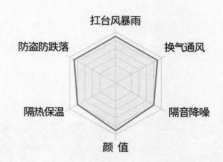

焕新前

焕新后

用户视角:

"家里阳台的玻璃栏杆还是开发商交付的产物,风吹日晒,时间久了,不仅美观有碍,而且在安全上也存在隐患。自己加装了玻璃,还是不行,遇到刮风下雨天满地都是水。更换特诺发后,阳台的面貌得到大大的改善,特别要为安装师傅点赞,原本要吊装施工的环节,很紧凑地通过电梯运输上楼,整个安装过程非常顺利。"

——上海和泰花园特诺发门窗用户

门窗改造小贴士

安全美观。

1. 矩形阳台，注意顶部晾衣架与侧面的洗衣台面、壁柜，合理安排开启。
2. 圆弧阳台，只能用直线窗型拼接，且无法盖掉老框。
3. 转角阳台，处于正规角度（90°或135°）时可采用焕彩系列；处于非常规角度时，可用装修框解决方案。
4. 高低差阳台，只能用传统门窗系统拆除老窗进行更换。

案例 2

推荐配置：

门窗系统： 焕彩 LWN 65 内开内倒
室内颜色： 白色麻面（粉末喷涂）RAL9016
室外颜色： 咖啡麻面（粉末喷涂）RAL8014
执手： 窗执手（方底座银色）
玻璃： 6G+12A+6G 中空钢化玻璃
门窗开启方式： 内开内倒

用户视角：

"家里的阳台旧推拉窗漏水漏风，一直担心要破坏装修，就没有更换，直到遇见了特诺发，让家里有了新气象。特别值得表扬的是，工人师傅做了细节处理，让我们非常满意！"

——上海永盛苑特诺发门窗用户

门窗改造小贴士

防风防漏雨；推拉窗改成内开内倒窗；规避现场不利条件。

1. 设计考虑到阳台还要外晒衣被，做了四扇开启窗，中间对开，便于门窗打开晾晒。
2. 因为原本阳台的"女儿墙"低，为了安全起见，在开启扇的下方做了一个固定窗，提高安全系度。
3. 为了增强视觉通透性，设计了较大的固定玻璃，加大采光效果。

案例 3

推荐配置：

遮阳系统： 天彩天篷帘 ALTO_SC
开启方式： 电动摇控开启

扛台风暴雨

颜 值　　　隔热

用户视角：

"家里的阳光房安装后，给自己的庭院增添了一处休憩的场所，实用且美观。特别是遮阳棚的设计，家里人都非常喜欢，自然的色彩和简约的外表与我的庭院相得益彰，再加上灵活的电动控制，使用起来非常的方便和舒适。朋友来我家做客，都说我家的阳光房设计得好，真心感谢特诺发给我带来这样的好设计和好产品！"

——上海泰晤士小镇特诺发门窗用户

门窗改造小贴士

遮阳；灵活的控制。

1. 高性能断桥铝合金作为框架，设计上完美结合力学原理，安全的分割和真材实料的结构经久耐用，搭配的双层中空玻璃，能有效阻隔室外的热气。
2. 采用天篷帘 alto 系列遮阳系统，能灵活适用于各种顶面，平顶、斜面顶和人字顶等设计，其特殊的弯轨道工艺还可以用于弧面遮阳等特殊造型。
3. 天篷帘的分体式罩盒设计，内置电机装置，可自由控制帘幕的开启，其所采用的遮阳面料选用法国品牌 MHZ，织物结构紧密牢固，能有效抵抗紫外线，防水和耐久性强。

全屋门窗置换设计

门窗五性（抗风、气密、水密、隔音、保温），需要提供国家权威专业机构的产品检测报告。尽量选择系统门窗。需要系统化考虑水密性、气密性、抗风压、机械力学强度、隔热、隔音、防盗、遮阳、耐候性、操作手感等一系列重要的性能，还要考虑设备、型材、配件、玻璃、密封件等各环节性能的综合效果。

确定窗户的型材：中高档的装修建议选择断桥铝合金材质。

选择优质五金件：不同开启方式的窗户需要不同种类的五金件，比如把手、传动器、锁点、定位器等，一定要看这些五金件的细节。

确定窗户开启方式：窗户的开启方式很多，可以进行组合，还要考虑是否安装纱窗。

选择可靠的商家：一定要有售后服务，再好的产品，也不能百分百保证没有售后问题。

确定玻璃：首选钢化玻璃，其破碎后都是指甲盖大小的小颗粒且不会形成尖锐的锐角，其耐急冷急热性质较之普通玻璃有 3 至 5 倍的提高，一般可承受 250℃以上的温差变化，对防止热炸裂有明显的效果，所以安全系数上要比普通玻璃高很多。

全屋门窗置换设计关键词：隔热保温、气密水密、抗风隔音、焕新生活

在整个老房改造所涉及的所有建材家具品类中，全屋更换门窗所带来的生活幸福指数的提升，应该是数一数二的。特别是在夏热冬冷，但冬天又没有统一供暖的地区，全屋门窗的更换会带来无与伦比的体感舒适。焕新门窗，就是焕新生活。

案例 1

推荐配置：

门窗系统：焕彩 70HI 内开内倒
室内颜色：查特绿—覆膜
室外颜色：都市灰—覆膜
执手：窗执手（椭圆底座银色）
玻璃：6G Low-E+12A+6G（70HI 系列标配）
门窗开启方式：内开内倒

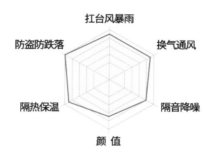

焕新前   焕新后

用户视角:

"我家的窗户是早期的塑钢推拉窗（单层玻璃），品质存在一定的
缺陷，时间久了，窗框起翘变形，不但推拉费劲，而且漏风严重。
每到台风季节，窗外呼啦呼啦的风，让人无法安睡。老窗户的保温
隔热性能也不好，家里是一楼，冬天冷得像冰窖，夏天热得像蒸笼，
让我们老两口的身体极度不适，而且防盗性能也差。"

——上海黄山二村特诺发门窗用户

门窗改造小贴士

改善门窗格局；一楼需要防盗。

业主家楼层较低，紧挨着马路，老式推拉窗，安全性低，整体使用起来噪音大，通透性差。如果加装防盗网，在防小偷的情况下还把家人的逃生通道给封闭了。门窗方案选择了内开内倒窗，在性能上能做到密封保温，隔音降噪，在内倒通风的同时保证室内的安全。采用德国格屋（GU）内开内倒五金件，启闭次数大于 2.5 万次，有效保证门窗寿命，提升安全防盗性能，告别丑陋的防盗网。

案例 2

推荐配置:

门窗系统: 焕彩 PLUS LWN65W 外开窗; 焕彩 PLUS LWN65 内开内倒窗
室内颜色: 温彻斯特浅橡—覆膜
室外颜色: 灰色麻面 (粉末喷涂) RAL7011
执手: 无底座执手 (古铜色)
玻璃: 6G+18A+6G 中空钢化玻璃
开启方式: 内开内倒和外开

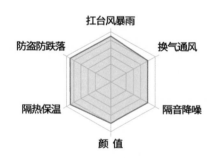

焕新前   焕新后

用户视角：

"在国外我就了解到系统窗的好处，回到国内后，我也访遍了很多门窗服务商，直到去了特诺发工厂参观后，才发现他们的产品是我最需要的产品。整个服务过程能发现他们的专业性很强，做事很认真细致！"

——上海湖畔佳苑特诺发门窗用户

门窗改造小贴士

别墅装修；全屋系统门窗；科学设计。

系统门窗是一个性能出色完美的有机组合。生产商通过市场调研、产品研发设计、材料供应、加工生产、销售服务、安装和售后六大环节，提供具备门窗 K 值、抗风压、气密性、水密性和隔音降噪五大性能，同时达到既定标准的优质系统门窗产品。
内开内倒窗独特的斜面设计有效防止雨水进入室内对墙面和家具的损坏；窗户上面和侧面小角度开启，不但防盗安全，而且让室内空气对流更加充分，确保房间空气的新鲜度和含氧量。

03

服务为魂
技艺为骨

工匠的本质是精业与敬业，这种精神融入特诺发技术人员的血液之中，开创了门窗行业的奇迹。

科学研发，实践验证，国家专利产品，以服务为魂、技艺为骨，共同铸就"3 小时焕新窗"的典范。

"3 小时 + 不破坏"完美解决老旧小区门窗改造难题

老旧小区门窗因为普遍存在渗水漏风、隔音效果差、推拉不便、隔热保温差等问题，更换门窗已经成为越来越多居民的潜在需求。但因为传统换窗工艺的以下两个弊端，通常只能忍受到装修期再换。

第一，工期太长。传统换窗工艺需要先砸洞口拆窗框、再用水泥修补窗洞口、待水泥干透做好防水、最后统一安装新窗，通常需要好几天。老旧小区的用户住在家里，施工时间太长会给正常生活造成困扰。

第二，破坏装修。传统换窗工艺需要砸墙撬除原有老窗框，不但会破坏家里装修，还可能因为损坏墙体结构导致漏水。

小时焕新窗

欧洲先进的快速换窗技术,
只要3小时,一樘旧窗焕新颜

不搬家

不敲墙

不破坏装修

特诺发"焕彩"系列拥有国家专利,采用
独特的腔体结构设计,可以不用拆除老
窗框换窗,轻 松便捷安全。

打造一体化门窗安装服务平台 像个样子放心装

门窗更换，比找对象还难？您有同感吗？

设计方案与施工不匹配？现场安全隐患多？安装辅料不环保？偷工减料没监管？甚至出现一堆售后问题……这些严重阻碍了业主对门窗产品选择的脚步。

你可以闭上眼睛，深吸一口气，回想一下自己最近一次装修房子时的场景。

凌乱的现场、难闻的气味、怎么砌也砌不直的墙，以及工头不时给你来一个的增加收费项。装修了不止一套房子之后，一定会感慨，只要是装修，就只有教训，没有经验。如果说买房是中国人组建家庭的一个小考验的话，装修就是买房后要渡的第一个劫。

恐怖的装修经历，让国人对于居家环境脏乱差的忍耐力大大增强，可以憋着 10 到 15 年才重新装修一次。而实际上忙乱中装上去的门窗，可能在你入住两三年时，就已经开始出现各种问题，例如推不动、漏风漏雨等。

改善式用户不敢换窗，因为传统印象里门窗更换要破坏墙体、砸坏门窗套，要动装修。老百姓心疼的不是装修，而是不想再勾起装修时留下的痛苦记忆，怕因为换窗，把家里搞得不像样子。因为安装施工问题，即便品质过硬的进口品牌门窗安装到客户家里，也会出现各种问题。设计使用年限 20 年、甚至 30 年的产品，因安装不规范隐患多，又缺乏后期维护，经常使用三五年后就开始出现问题。

为解决门窗安装难题，我们决定成立一个专业化门窗安装服务平台，就叫：特能装，真像样！

品牌形象是一只长着蝴蝶耳朵的大象，干起活来，既要像蝴蝶一样轻盈漂亮，又要像大象一样稳重靠谱，最重要的是，要让每一个门窗安装项目——像个样子。

我们用了一年多的时间，招募超过 300 位江浙沪最好的门窗安装师傅，组成"门窗安装 300 斯巴达勇士"，统一形象、统一服装、统一安装业务流程和服务标准。

传统的装修门窗安装，通常跟着装修队节奏走，客户业主不在现场，安装师傅们都没那么自律。改善式用户换窗，都是人住在家里，业主看着工人师傅每一步施工，他们敏感而又脆弱的神经会伴随着不小心敲碎的瓷砖和磕碰到的地板而随时被触动。

因此改善式换窗对安装师傅的要求额外苛刻。我们会定期召集安装师傅进行强化式封闭集训。不仅要在专业技能上精益求精，强化提升服务意识，还要在日常的言行举止中形成条件反射和肌肉记忆。他们每个人都清晰地知道自己是在造福每一个选择不破环装修换窗的中国家庭。经过他们安装的每一个项目，都"像个样子"，每一樘门窗都能多用 20 年。

　　这场窗风暴，如果没有像样特能装，就会是一场把很多家庭吹得乱七八糟不像样子的飓风。而用户更加不会相信一个冰冷的订制类产品，再怎么进口、再怎么优秀，如果没有标准化、高质量的服务，也不会自己长脚跑到自己家里的墙上。就像当初用户选择了那么多看上去大牌的地板、瓷砖、全屋柜子等，最后到家里来安装的都是散兵游勇式的临时工，最后再好的产品，也可能装得不像样子。

　　生活的艺术，就是这样，要建立在扎实的基本功上。没有基本功就说要展示艺术的，那可能是神经错乱不正常的想法。如果表现在商业上，就是一种不真诚。

　　我们要把基本功练扎实，做到几乎是全中国最好安装公司的时候，用一个像样的特能装，向您展示生活的艺术的同时，又确保它能在您的家里蜕变成为一只美丽的蝴蝶。

一心一意 精准服务

　　特诺发就是一片肥沃的土地，这里充满着包容力和持续力，可以让"万物生长"。当传统门窗企业还在拘泥于打价格战，甚至争抢客户的时候，特诺发已先人一步，从业主实际需求出发，用精准化服务，全方位打造中高端门窗市场。

　　一直以来，包括传统门窗在内的家装建材行业，非常重视广告营销。转化效果是广告营销锚定的重心，选择更高效的场景和媒介是行业心照不宣的规律。传统换窗市场更多关注新房装修人群，因此，传统门窗行业广告营销通常格外重视两类场景：一是在电视、机场、

火车站这类大流量场景做高举高打、全面开花的品牌宣传，覆盖"品牌认知"阶段；二是在传统线下建材市场这个末端精准流量入口做用户拦截，覆盖"决策购买"阶段。但装修用户决策链条和周期很长，单向的品牌宣贯无法满足不同阶段碎片化、动态的用户需求。

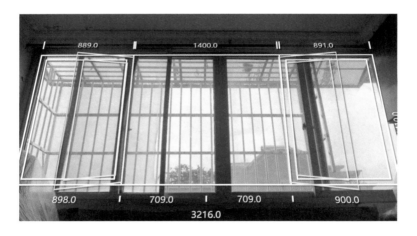

　　这一问题在改善式用户市场尤其突出。因为传统换窗市场大多对应的是确定性需求，也就是当用户产生明确换窗需求后，主动到建材市场等"购买场景"。但改善式换窗用户不是刚需用户，在下决心要更换门窗之前，他们中的绝大多数对门窗品类认知不足，对

传统门窗广告营销是忽视的，甚至抵触的，一旦有需求又相对迫切。在最终的"购买场景"出现以前，改善式用户体验感往往被忽略。

特诺发希望探索更主动更有效的营销方式，让改善式换窗用户在整个决策周期内得到更好的体验，提出"营销多触点，广告即服务"的营销理念。通过广告推送服务，通过服务在用户和品牌之间建立起更多的"接触点"，在服务的过程中与潜在客户充分沟通，把服务做成体验，关注改善式用户的需求，把营销和品牌口碑与用户使用后的体验相关联，通过服务获得销售机会。

特诺发把与改善式用户链接的营销触点按照服务场景分成以下几类。

第一，购买场景。建材店 + 商圈体验店 + 社区店 + 天猫官方旗舰店，分别覆盖建材市场购买人群、居住地周边改善式人群和线上购买人群，不断提升服务能力，为通过各个渠道沉淀的线上、线下的到店用户提供更优质的到店购买体验。

第二，种草场景。近年来，抖音短视频、小红书、知乎等内容平台以优质的内容吸引了用户大量的注意力。以抖音为例，我们主力投放"老旧门窗痛点 +3 小时焕新窗解决方案"的广告，向潜在用户提供"上门门窗检测服务"，用户可以轻松在抖音平台完成上门预约和抵用优惠券领取，以"种草"唤醒改善式用户需求，将用户消费决策过程前置，对最终转化产生影响。

第三，服务场景。以特诺发遍布上海各区的社区店为班底，建立"门窗管家社区服务"团队，由具备多年门窗维护经验的销售和技师组成，为改善式小区提供持续的门窗保养、咨询、上门检修等社区服务。服务结束后，特诺发会安排专业的客服团队对服务进行回访和跟进。经过一段时间的运营，特诺发通过社区服务积累起大量的改善式用户换窗意愿，融入社区团购，通过微信群与社区居民进行互动，开团销售，把相同小区人群的日常门窗所需，交由我们的产品设计和服务专业平台，通过团长（门窗管家）的专业解读，订制个性化产品，再加上后期特能装专业安装团队的全力配合，实现系统管理，产品品质全流程把控、集中运营和精细化服务，大大提升业主购买门窗产品的体验。这种贴近业主使用习惯的精准化社区消费模式，构建出立体化、社区化网络，让产品融入生活，让服务理念更"接地气"，满足了业主个性化、多样化的服务需求，提升了社区居民整体的获得感和幸福感。

在特诺发服务的上海桂语云溪小区，居民们惊叹于小区整体外立面呈现出的整齐划一的风格。那些简洁流畅、低调奢华的大立面玻璃窗，不是开发商提供的"面子"产品，而是我们获得国家专利认证的"焕彩"系列产品。整个小区 180 户家庭，有 58 户人家通过团购选择了特诺发，超高的社区团购率见证了我们精准化服务道路的正确性，也验证了特诺发针对旧房改造市场所研发的"3 小时不破坏装修"门窗工艺的认可度。

第四，私域场景。改善不是刚需，并非每一位改善式用户都能快速导向终端转化环节。我们将暂时没有转化的用户沉淀到私域，通过与用户持续建立链接、提供服务和体验，等待转化机会。例如，抖音用户中，有购买意愿的用户直接上门测量或者在直播间完成购买，暂无意愿的用户则会沉淀到抖音官方账号中持续运营；腾讯用户中，建立了"一对一"的企业微信、"一对多"的社群和"一对All"的公众号、视频号等多重私域场景，为这部分用户提供持续有价值的服务。

总的来说，"营销多触点，广告即服务"。诚然广告本质上是为了促成商品交易，但只有把广告营销目标从锚定短期成交调整为向用户提供更有价值的服务，从追逐短期 ROI 走向对长期用户价值的挖掘，提供更多基于业务场景的客制化解决方案，才能让广告营销真正服务于业务和用户增长。

随着数据、投放、洞察、归因等能力的不断成熟，特诺发专业团队在充分挖掘用户需求的基础上，把产品和服务与用户更紧密地连接，通过线上线下多触点的服务，把传统购买场景进行延伸，为消费者提供有价值的场景体验，用服务贯穿改善式用户消费决策的全链。每个社区化网络的门店会根据周边小区门窗情况和业主需求，量身打造，针对性解决旧房改造中门窗的焦点问题，而非提供统一标配的产品，更加贴合消费需求，再加上网络平台的精准营销和投放的围合，立体化服务网络日趋完善。截至 2021 年 10 月，针对改善式换窗市场研发的"焕彩"系列产品，以超过 40%的复购率创造了门窗行业新零售的奇迹。

特诺发通过服务和强化自身核心竞争力，扩展了门窗服务的边界，进一步谱写了行业发展的崭新篇章。

04

光阴的故事

这里有几个光阴的故事。

时光荏苒，岁月如梭。2008那年，也许你还是一个青涩的少年，也许你还是一位初为人母的职场妈妈，也许你还深陷职业的舒适圈想有所突破……

在特诺发的创业史上，从来不缺少追梦无悔、奋斗精进的员工。无数个白天黑夜，那些开足马力搞生产，那些不厌其烦与业主交流，那些埋头苦干只为业主早日安上门窗的画面，在某个时刻定格，点点滴滴，汇聚成海。从创立之初的20人，到如今的104名员工，一代代特诺发人用自己的不懈努力，书写着不凡的篇章。

在这支队伍中，有的人收获了成长，有的人收获了家庭，更有的人收获了成功。他们用自己的视角，讲述着只属于特诺发人的《光阴的故事》。

用自己的光照亮自己的路

我希望每一位同事都能感受到特诺发团队的温暖和力量，并且坚定地相信，只要努力，平凡的人也可以发出耀眼的光芒。相信我的下一个十年，依然会和特诺发的同事一起，沐光前行。

——车间班长：周雷

喷薄而出的朝阳，自由飞翔的小鸟，拂面的清风，这就是每天我上班路上的风景。怀揣着希望，所见所闻皆是活力和生机。美好的家庭、充满希望的工作犹如两条平行线向前延展，支撑着我的快意人生。对我来说，"希望"最开始的时候，就是一个原始的光点，给我方向。而"坚持"的力量则将细微的光点幻化成光束，照亮了我平凡的生活。

我叫周雷，今年 32 岁，毕业于北京航空航天大学，现在是特诺发（上海）窗业有限公司的车间班长。特诺发的工作是我毕业后的第一份工作，让我没有想到的是，这份工作我一做就是 12 年。我的同学经常说我很长情，很少有人第一份工作能持续这么久，但我想说的是，长情的后面是因为有温情的公司——特诺发。

当我刚进入特诺发的时候，就是一个门窗行业的小白。在师傅的带领下，我从最基本的操作开始，一点一滴累积经验，不断提高专业知识。师傅对我总是知无不言，言无不尽，将他所学毫无保留地传授给我。当我对他说谢谢的时候，师傅总是说："你不用谢我，应该谢谢自己选择了这家公司。"

随着时间的流逝，我的技术日益精进。一次在处理产品样品的时候，我发现一个比图纸上更优化的方案，按照我的构想做出的样品，可以简化生产流程和成本。我很犹豫是照图打样，还是先与技术部门沟通。这时，是师傅鼓励我向技术部门说出我的想法和设计。于是我迈出了事业上重要的一步。最后，技术部门经理采纳了我的建议，新的样品顺利完成，而我也由此当上了样品车间的班长。

可以想象，如果当时技术经理对我的建议不屑一顾，那我也许永远只是保持沉默的人。但公司平等对待每一名员工，尊重每一名员工想法的企业氛围就是一道光，让我们可以满怀希望。

现在我负责车间 5S 的日常运作、生产、安全、交期以及新产品的实验取样和车间生产工艺的改进，工作非常忙碌，但对新同事的问题，我总是有问必答。现在的他们就是曾经的那个"我"。

我希望每一个同事都能感受到特诺发团队的温暖和力量，并且坚定地相信，只要努力，平凡的人也可以发出耀眼的光芒。

相信我的下一个十年，依然会和特诺发的同事一起，沐光前行。

安装的技巧也是一点点打磨出来的

作为一名"老"安装人，我希望自己以后能够走上特诺发的导师讲台，将自己的专业知识和实践经验毫无保留地传递给新一代安装人，为特诺发培养更多专业的、先进的、科学的、真诚的新型安装售后人才，我坚信这一天会早日到来！

——安装师傅：吴晓

我叫吴晓，是一名"90后"安装师傅。初出茅庐，我便在叔叔的引荐下进入了特诺发。彼时公司刚刚成立不久，那时的我和特诺发一样的朝气蓬勃，一样的充满干劲。十二年时间如同白驹过隙，一晃而过，我从毛头小子逐渐成长为业务骨干，公司也从单一制造发展成为了拥有超强矩阵供应体系与安装服务的"全链路"复合型企业。

相较按时按点的车间劳作，我更喜欢自由度和挑战度都比较大的安装工作。也许是年轻人的天性使然，面对客户不同的房型、不同的要求，我凭借过硬的技术、良好的沟通能力，通过自己一寸一寸的镶嵌、一点一滴的打磨，慢慢成长为一名客户信赖的安装师傅。

说到成长，毫无疑问也离不开特诺发对我的培养。从每月一次的安装培训，到新规格产品的问世，每一次产品的更新，公司都有详细的学习安排。分发安装书籍、打印图文资料，又或者是专家讲解，每一次产品升级都是一次新的学习机会。在安装过程中，我也会遇到困难，比如，面对客户的巨无霸玻璃，仅靠 2 到 3 名安装员是无法顺利完成搬运的。此时只要向公司一反馈，工厂便即时抽调工人过来帮忙，让我觉得自己是被重视的，是有依靠的，这就是团队的力量。这种迅速响应的理念也深深影响着我，所以在售后服务过程中，只要有客户对安装、送货等有意见或投诉，我都能及时响应，承诺客户 24 小时内上门解决。就是因为这样的努力，我和公司也越来越得到客户的认可。

　　2019 年年底，我们推出了"焕彩"系统门窗。这项能够突破性做到不破坏装修便可闪换的新型服务，让我服务的客户数量一下子翻倍增长。虽然比以前更忙更累了，但我反倒觉得更加充实。我深信好企业、好产品成就好员工，好员工也能助推好企业，往更高处发展。

十五年一颗心只干一件事

在这里，我真正学会换位思考；在这里，我真正体会到团队精神的神奇力量；在这里，我感受到所有人不计个人得失、共同完成一个超高难度项目时的自豪和感动。心灵的蜕变，就在这一次次团建中悄悄地升华。

——特诺发十五年老员工：倪爱强

十五年，对漫长的人类历史来说微不足道，但对个体生命来说，却是一段不短的旅程。我在特诺发的十五年，是一个长长的故事，故事里有我、有业主、有同事……我们在一起见证着生活的美丽蜕变，而这些全都来自特诺发，这只优雅的法兰西金刚蝴蝶……

我叫倪爱强，是特诺发在上海建厂的第一批员工。在来特诺发以前，我在大型的上市公司工作，厌倦一成不变生活的我，渴望改变。特诺发"让每个中国人都能用上一樘高品质门窗"的企业理念似乎让我找到了未来的方向和共同的理想。

刚开始接触门窗安装和售后维护工作的时候，面对客户的要求和别的部门的小问题，我总是不能坦然面对，总觉得为什么客户的要求那么高？为什么别的部门就不能做好自己的事情，总是给我们拖后腿？但现在的我，却从内心感受到，存在的就是合理的，客户的要求就是产品和服务应该进一步提升的地方。在工作中没有部门的划分，因为系统门窗的每一个部门都是紧密连接的，共同进退才是正确的选择。这种心路改变不是一蹴而就的，而是在公司的一次次团建中逐渐形成的，每年的"团建活动"是一次旅行，更是一场有关精神和意志的砥练。

相信每个家庭，都曾经历过老旧门窗带来的不同问题：有的老人因为噪音太大而夜不成寐；有的家庭因为门窗漏水而在整个暴雨的季节都过得战战兢兢；有的父母为不能给孩子一个安静的学习环境而自责不已……特诺发"不破坏装修的换窗方式"，让每个家庭都能通过"焕新窗"轻松改变家居环境，提升生活品质，让自己距梦想的生活更近一步。看着他们生活的蜕变，我心底的自豪感油然而生。这种无法用物质衡量、用语言表达的满足，让我一直和特诺发在一起，从未离开。

职场妈妈的底气来源于爱与关怀

真的很庆幸这份幸运和爱。我想说很期待继续为特诺发服务下一个十年，直到自己退休……衷心希望特诺发发展得越来越好，大家都能在特诺发劳有所乐、劳有成就！

——特诺发职场妈妈：韩影

下面这个故事，不仅是一个关于爱与关怀的故事，更能让你看到一个中国妈妈的日常缩影。

我叫韩影，是特诺发制造车间一名普通的员工，也是成千上万中国式母亲的一个缩影。来特诺发十二年，我逐步见证了企业从发展到壮大，产品技术从照搬到自主研发，受益群体由单一到多样的过程；这也是我陪伴孩子从幼年过渡到青少年宝贵的十二年。都说女性家庭和事业难以两全，所以作为一个全职妈妈，作为一个爱儿护儿的母亲，我想我是幸运的，遇见了特诺发，一个充满爱与关怀的企业。

这么多年，我亲眼看着车间员工逐渐增多，感受着同事之间的友善乐助。我想这里肯定有某种魔力，这里是一个让人来了就不想离开的地方。融入这样和谐的工作氛围，大家都铆足劲努力工作，这种向上的力量让人充满激情。

2012年的冬日，那时老公已是特诺发的一员，而我在上海的另一家企业工作，朝出暮归，按时按点，儿子则在家附近的幼儿园上学，生活看似平淡而没有涟漪。但好景不长，身为安装师傅的老公需要

外地出差，谁来接送孩子成为摆在我们面前的一条鸿沟。无奈之下，老公如实向领导反馈了问题，并得到了出乎意料的答案："要不让你爱人一起来特诺发吧？一来可以一起上下班彼此有个照应，二来特诺发早上的工作时间与幼儿园入园时间刚好匹配，三来孩子放学后可以接到厂里休息室自习或者玩耍，免去双职工父母的后顾之忧。"这亲切的话语，如同一股暖流，让我毫不犹豫地加入了特诺发。

令我感触颇深的还有一年秋天，一个平凡的工作日，我接到了来自孩子班主任的电话，因为孩子获得了一项荣誉，作为获奖家长请我务必参加本学期的家长会。说实话，我很想去见证孩子的高光时刻，但我也担心一线员工离岗会不会耽误工作进度。幸而领导知晓后，很爽快批了假，我仍记得当时领导对我说的话："公司再忙，也没有小孩子的光辉时刻重要。"那一刻，我真的很感动，感谢特诺发能体谅一名母亲的拳拳之心和殷殷之情，感激特诺发有这样温暖的人文环境。当公司知晓我的孩子所获奖项和奖金后，奖励了我同样数额的奖金，作为对孩子的鼓励。钱虽然不多，却是一份实实在在的激励，成为孩子坚持奋斗的弥足珍贵的一份动力。

人说锦上添花易，雪中送炭难。特诺发在我们困难的时候送来了工作机会，给了我们更好的生活和育儿环境；也在我们孩子小有所成的时候添了锦彩，带给我们双倍的快乐。如此关爱的回忆桩桩件件，不一而足。

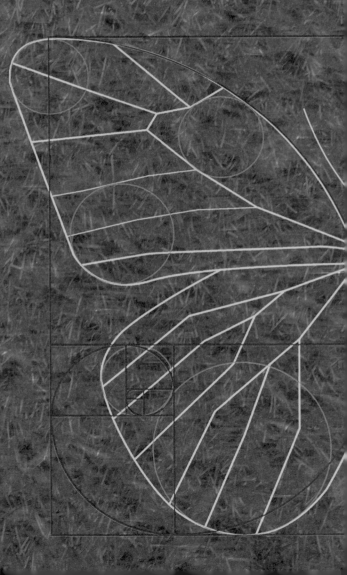

特诺发

附录　TRYBA® 特诺发
产品及最新解决方案

2009
公司承接第一个金属外遮阳
卷帘工程：三湘深圳海尚项目

2008
缔纷特诺发（上海）
遮阳制品有限公司成立

2021

通过网络大数据平台,延伸新零售模式,覆盖天猫旗
舰店、抖音等平台,精准营销。进一步推出"特能装"
"城市合伙人"等项目,增强服务,助力行业发展

2019

针对旧房改造换窗的痛点,推出3小时不破坏装修
"焕新窗"服务及产品,并陆续开出体验式标准门窗
社区店4家,
中山公园龙之梦"焕新窗"旗舰店1家

2018

特诺发新概念门窗展厅开业。
拥有真彩、昕丽 两大门窗产品线及外遮阳系统。
企业更名为特诺发(上海)窗业有限公司

2013

特诺发提出
"建筑洞口一体化"概念

2010

公司成为上海世博会城市案例馆"伦敦
零碳馆"的门窗和外遮阳卷帘供应商

发展历程

TRYBA在中国提供设计、生产、销售以及售后等全方位服务,是门窗与遮
阳系统整体方案解决服务商。

融合了法国的优雅与德国的工艺。继承欧洲精良工艺。针对中国建筑,在应
用上进行本地化再研发,确保成品完全适用国内建筑,质量与欧洲一致。

附录 2　TRYBA® 特诺发产品介绍

焕彩系列
RENEW

特诺发门窗系统
TRYBA Door and window system

高效隔音
隔音性能最高可达42db,有效阻隔室外噪音,创造安静舒适的生活环境。

个性美观
Emotional Cover™ 是特诺发拥有的色彩覆膜配色系统,赋予门窗表面全新的视觉与触觉效果,满足门窗耐候性和耐久性需求。

保持原有
采用欧洲最新快速换窗技术,不破坏现有窗套和窗台板,保证现有门窗洞口装饰不损坏。

节能保温
热传系数最低达1.6W/m².k,高效节约制冷/采暖费用,节约家庭开支,实现低碳生活。

安全防盗
采用进口内开内倒五金件,启闭次数大于2.5万次,有效保证门窗寿命,提升安全防盗性能告别丑陋防盗网。

真彩系列
VISION

特诺发门窗系统
TRYBA Door and window system

昕丽系列
DAWN

特诺发门窗系统
TRYBA Door and window system

高效隔音
隔音性能最高可达42db,有效阻隔室外噪音,创造安静舒适的生活环境。

节能保温
热传系数最低达1.6W/m².k,高效节约制冷/采暖费用,节约家庭开支,实现低碳生活。

安全防盗
采用进口内开内倒五金件,启闭次数大于2.5万次,有效保证门窗寿命,提升安全防盗性能告别丑陋防盗网。

个性美观
Emotional Cover ™ 是特诺发拥有的色彩覆膜配色系统,赋予门窗表面全新的视觉与触觉效果,满足门窗耐候性的需求。

威翼系列
DECO-VE
外遮阳金属卷帘系列
Solar shading and roller shutter system

遮阳调光
帘片孔隙的穿插设计,可选择光线部分或完全的进入,在闭合时遮光效果达100%

安全防盗
独有柔性榫锁设计,卷帘窗完全闭合时能有效防止非正常开启。

节能保温
通过有效阻隔室内外的冷热气体交换,达到大幅降低建筑制冷/采暖的能耗。

私密守护
卷帘窗半闭合或全闭合时,可有效阻挡外界视线,保护家人隐私。

隔音降噪
高密度帘片内芯,卷帘完全闭合时,帘片衔接紧凑密闭,有效降低噪音10-12dB。

智能科技
遇阻停智能感应障碍物,遇到阻碍自动停止,结合压力缓释系统,保障安全。可接入家居智能系统全面应用,尊享智能科技生活。

附录 3　像样特能装介绍

[特能装] 专注&优势
FOCUS & ADVANTAGE

应急管理部安全生产证书

特能装 上岗证书

焊工证/电工证

门窗行业的匠人
让每一位门窗安装人员更加专业，收入更高，更有尊严

安装品质保障
服务标准，安装工艺，现场管控，工具辅材；让每樘门窗多用20年

品牌经销商赋能
从测量到售后全链路服务，让天下没有难做的门窗生意

服务保障
从入门到离开，全环节各步骤按服务标准操作流程执行
过程有飞行巡检记录

安全保障
安全装备
特许行业操作标准

项目托管
专业化管理，定制化
全程服务，省时省力省心

品质保障
工具 辅材
安装标准
巡检机制
执法仪记录

售后保障
质保时效 响应速度

NEW 服务意识：客户的超级保姆

特能装安装流程

主动发现客户需求
积极提供专业服务

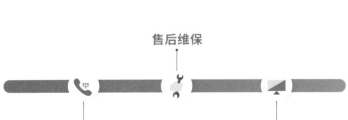

售后维保

回访电话　　　　　运营报告

附录 4 TRYBA® 特诺发上海门店地址及联系方式

工厂店

上海市松江佘山工业区
明业路 38 号
电话:400-1610919

品牌专卖店

吴中路店

上海市闵行区
吴中路 1388 号
红星美凯龙四楼 D8032
电话:13817871876

喜盈门店

上海市徐汇区
宜山路 299 号
喜盈门 3 楼 310
电话:15000280406

浦江店

上海市闵行区
浦星公路 1969 号
红星美凯龙 4 楼 D8106-2
电话:15201867970

苏州店

苏州市苏州工业园区
扬清路 1 号
红星美凯龙 3 楼 D8122
电话:18351035639

真北

上海市普陀区
真北路 1108 号
红星美凯龙南馆负 1 楼 8007
电话:18702134568

沪南店

上海市浦东新区
临御路 518 号
红星美凯龙 4 楼 D8020
电话:15821442498

宁波店

宁波市鄞州区
宁穿路第六空间 A 区
三楼 C20 特诺发专卖店
电话:15152233581

家饰佳店

上海市徐汇区
中山西路 1695 号
家饰佳 5 楼 G5015
电话:18702134568

月星店

上海市普陀区
澳门路 168 号
2 楼 B070-2
电话:13661689573

莘潮家居店

上海市闵行区
春申路 2699 弄
莘潮国际家居 B 馆二楼 210A
电话:15721551154

金华店

浙江省金华市
环城南路西段 426 号
电话：13575908066

无锡店

无锡市锡沪路 280 号
华厦家居建材市场首层 F023 号
电话：15258122807

滨江店

杭州市江南大道 1088 号
第六空间三楼 D3-28
电话：15867056261

金桥店

浦东新区金藏路 158 号红星
美凯龙四楼 D8061
电话：15821442498

社区店

茅台路店

上海市长宁区新泾镇茅台
路 902-904 号
电话：15867056261

零陵路店

上海市徐汇区零陵路 13 号
电话：13671748420

龙茗路店

上海市龙茗路 2940 号
电话：15201867970

国货路店

上海市黄浦区半淞园路街
道国货路 319 号
电话：13482728629

荣乐西路店

上海市松江区荣乐西路
1042 号
电话：18930528609

陕西北路店

上海市陕西北路 1622 号
光明城市东门对面
电话：4008113658

奉贤店

上海市奉贤区南桥南港路
1600 号
电话：13918532583

清峪路店

上海市普陀区清峪路 534 号
电话：4008113658

商圈体验店

龙之梦店

上海市长宁区
长宁路 1018 号
龙之梦购物中心 5 楼 5035
电话：13564202264

附录 5　TRYBA® 特诺发老旧小区门窗改造解决方案
——3 小时焕新窗

赋能物业提供增值服务
全链路委托,安心无忧

物业公司增值服务的痛点

- 跨领域(如装修/亲子教育等)服务专业度欠缺,业主认可度低,达不到预期收入。

- 自营或外部对接的增值服务,业主对品牌、质量和价格期望值很高。但物业起到推荐或引入的作用有限,对价格把控比较难。

- 物业所提供的增值服务存在财务和投诉方面的风险。

物业公司经营压力

01	02	03	04
人工成本极高	管理费收缴率低	多元业务盈利难	业主满意度低

老房改造国策

为提高老旧小区居民生活质量,满足人民群众美好生活需要,2020年7月,国务院办公厅印发《国务院办公厅关于全面推进城镇老旧小区改造工作的指导意见》,明确了2000年以前的老旧小区为重点改造对象,建筑外立面、加装电梯、建筑节能、社区公共服务设施等基础类、完善类、提升类改造项目都是城镇老旧小区改造内容。

《指导意见》也提出在加大政府支持力度的同时,支持鼓励社会力量参与城镇老旧小区改造工作。

图书在版编目（CIP）数据

窗风暴：城镇老旧小区门窗改造案例集 / 程立宁编
著 . -- 上海：同济大学出版社，2022.10
　ISBN 978-7-5765-0412-5

　Ⅰ . ①窗… Ⅱ . ①程… Ⅲ . ①城镇－居住区－旧房改
造－案例－中国 Ⅳ . ① TU984.12

　中国版本图书馆 CIP 数据核字 (2022) 第 189082 号

窗风暴：城镇老旧小区门窗改造案例集

程立宁　编著

总 策 划　王国伟　于冰珺
策　　划　童　静　俞宏琪　程　甜

出 品 人　金英伟
责任编辑　张　翠
责任校对　徐春莲
装帧设计　张　微
出版发行　同济大学出版社 www.tongjipress.com.cn
　　　　　（地址：上海市四平路 1239 号　邮编：200092　电话：021-65985622）
经　　销　全国新华书店
印　　刷　上海丽佳制版印刷有限公司
开　　本　889mm×1194mm　1/32
印　　张　4.75
字　　数　128 000
版　　次　2022 年 10 月第 1 版
印　　次　2022 年 10 月第 1 次印刷
书　　号　ISBN 978-7-5765-0412-5
定　　价　66.00 元